ARBEITSGEMEINSCHAFT FÜR FORSCHUNG
DES LANDES NORDRHEIN-WESTFALEN

NATUR-, INGENIEUR- UND GESELLSCHAFTSWISSENSCHAFTEN

184. SITZUNG
AM 3. DEZEMBER 1969
IN DÜSSELDORF

ARBEITSGEMEINSCHAFT FÜR FORSCHUNG
DES LANDES NORDRHEIN-WESTFALEN

NATUR-, INGENIEUR- UND GESELLSCHAFTSWISSENSCHAFTEN

HEFT 202

PETER MITTELSTAEDT

Lorentzinvariante Gravitationstheorie

HERAUSGEGEBEN
IM AUFTRAGE DES MINISTERPRÄSIDENTEN HEINZ KÜHN
VON STAATSSEKRETÄR PROFESSOR Dr. h. c. Dr. E. h. LEO BRANDT

PETER MITTELSTAEDT

Lorentzinvariante Gravitationstheorie

SPRINGER FACHMEDIEN WIESBADEN GMBH

ISBN 978-3-663-03074-4 ISBN 978-3-663-04263-1 (eBook)
DOI 10.1007/978-3-663-04263-1

Ursprünglich erschienen bei Westdeutscher Verlag 1970

Inhalt

1. Newtons Theorie der Gravitation

a) Feld- und Bewegungsgleichungen

In der Newtonschen Theorie der Gravitation wird das Gravitationsfeld durch die *Feldgleichung*

$$\triangle \Phi = 4\pi\gamma\varrho$$

bestimmt, wobei $\varrho = \varrho(\mathbf{r}, t)$ die Dichte der felderzeugenden (aktiven schweren) Masse ist und γ die Newtonsche Gravitationskonstante. Außerdem müssen noch Randbedingungen für Φ berücksichtigt werden. Die *Bewegungsgleichung* eines *Probekörpers* mit der trägen Masse m lautet, da m wegen der Proportionalität von schwerer und träger Masse zugleich die passive schwere Masse ist, auf die das Feld wirkt,

$$m\ddot{\mathbf{r}} = -m \nabla \Phi .$$

Die Bahn $\mathbf{r} = \mathbf{r}(t)$ des Probekörpers hängt daher nur vom Feld Φ, nicht aber von der Masse m des Probekörpers ab. Alle Körper dieser Art fallen also gleich schnell.

b) Endliche abgeschlossene Systeme

Die Bewegung eines (kontinuierlichen) Systems von Massenpunkten mit der Dichte $\varrho(\mathbf{r}, t)$, das sich unter der Wirkung des von ihm selbst erzeugten Gravitationsfeldes bewegt, ist bestimmt durch die simultanen Lösungen der

Feldgleichung $\quad \triangle \Phi = 4\pi\gamma\varrho$

Bewegungsgleichung $\quad \dfrac{d\mathbf{v}}{dt} = -\nabla\Phi$

Kontinuitätsgleichung $\quad \dfrac{\partial\varrho}{\partial t} + \operatorname{div}(\varrho\mathbf{v}) = 0$

Ist das System endlich, so lautet die Randbedingung für Φ:

$$r \to \infty, \ \varphi \to 0 \quad \text{wie} \quad \frac{1}{r},$$

und die zu $\triangle\varphi$ gehörige Greensche Funktion ist $G(\boldsymbol{r}-\boldsymbol{r}') = -\frac{1}{|\boldsymbol{r}-\boldsymbol{r}'|}$, so daß das Gravitationsfeld die Form

$$\Phi(\boldsymbol{r},t) = -\gamma \int \frac{\varrho(\mathfrak{r}',t)}{|\boldsymbol{r}-\boldsymbol{r}'|}\, d\,\mathfrak{r}'$$

annimmt. Für eine punktförmige Massenverteilung $\varrho = M\delta^3(\boldsymbol{r}-\boldsymbol{r}')$ erhält man insbesondere das bekannte Ergebnis

$$\Phi = -\gamma \frac{M}{r}.$$

c) Unendlich ausgedehnte Systeme

Für kosmologische Probleme ist das Verhalten unendlich ausgedehnter Systeme von Interesse. Zu deren Behandlung eignet sich jedoch die Randbedingung $\varphi \to \frac{1}{r}$ für große r nicht und muß durch eine andere Randbedingung für φ bei $r \to \infty$ ersetzt werden. Statt dessen kann man auch, was im Rahmen der Newtonschen Theorie äquivalent ist [1, 2], Bedingungen an das Geschwindigkeitsfeld v_i bzw. $v_{i,k}$ stellen. Der Vorteil solcher Bedingungen ist, daß sie sich leichter physikalisch motivieren lassen.

Betrachtet man den Kosmos als ein unendlich ausgedehntes, durch eine Dichte ϱ und ein Geschwindigkeitsfeld v_i charakterisiertes System, so ist dieses durch das empirische *Weltpostulat* gekennzeichnet: „Für einen mit der Materie mitbewegten Beobachter ist die räumliche Verteilung der Materie *homogen* und *isotrop*.“ Dieses Weltpostulat läßt sich nun leicht als eine Bedingung an das Geschwindigkeitsfeld formulieren, die die asymptotische Randbedingung ersetzt.

Die Homogenität, d. h. die Forderung, daß das Strömungsfeld für jeden mit der Materie bewegten Beobachter gleich aussieht, besagt, daß der Tensor $v_{i,k} = v_{ik}(t)$ nur von t abhängt. Diesen Tensor zerlegt man zweckmäßig in einer gegenüber *Translationen* und *Drehungen* invarianten Weise in

$$v_{ik} = q_{ik} + \frac{1}{3}\delta_{ik} v_{ll} + w_{ik}.$$

Dabei ist q_{ik} der spurfreie Anteil des symmetrischen Teiles und beschreibt die Scherung, der antisymmetrische Teil w_{ik} beschreibt die Rotation und die Spur v_{ll} die Expansion des Substrates. Die durch das Weltpostulat eingeschränkten isotropen bzw. isotrop expandierenden kosmologischen Modelle lassen sich dann durch die Bedingung

$$q_{ik} = w_{ik} = 0$$

kennzeichnen. Das Strömungsfeld ist scherungsfrei und wirbelfrei. Diese Bedingung ersetzt zugleich die asymptotischen Randbedingungen für das Gravitationsfeld. Zur besseren Beschreibung der verbleibenden (isotropen) Expansion definiert man den Skalar $R(t)$ durch

$$\frac{\dot{R}(t)}{R(t)} = \frac{1}{3} v_{ll},$$

so daß das durch das Weltpostulat eingeschränkte Geschwindigkeitsfeld lautet:

$$v_{ik} = \delta_{ik} \frac{\dot{R}(t)}{R(t)}.$$

Durch diese Bedingung ist zusammen mit der Feldgleichung, der Bewegungsgleichung und der Kontinuitätsgleichung das Problem wieder vollständig bestimmt, und die Funktionen Φ, ϱ und $\mathfrak{v}$ lassen sich (bis auf Konstanten) berechnen.

Mit Hilfe der Kontinuitätsgleichung folgt

$$\frac{4\pi}{3} \varrho R^3 = \text{const} = M,$$

weshalb ϱ nur von t abhängt. Eliminiert man weiter mit Hilfe der Feldgleichung das Feld Φ aus der Bewegungsgleichung und ersetzt ϱ durch $\frac{3M}{4\pi R^3}$, so erhält man schließlich eine Differentialgleichung für die Funktion $R(t)$ allein

$$\frac{1}{2} \dot{R}^2 - \gamma \frac{M}{R} = \text{const} = K.$$

Das ist die *Friedmannsche* Differentialgleichung. Ihre Lösungen $R(t)$ sind bekannt [1, 2]. Für die Fälle $K \gtreqless 0$ erhält man drei Lösungstypen (Abb.). Alle drei Klassen von Lösungen haben bei $t = 0$ eine vertikale Tangente. Die Dichte und das Geschwindigkeitsfeld werden dort unendlich. Die Größe $R(t)$ beschreibt die Expansion des Substrats in Abhängigkeit von

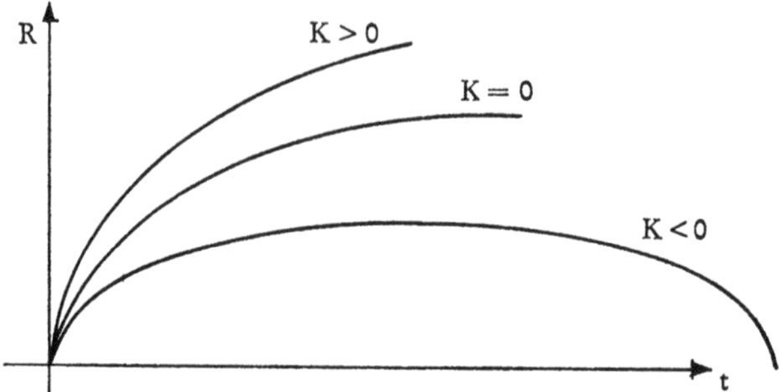

der Zeit. Der Zusammenhang zwischen $R(t)$ und der Dichte wird durch die Gleichung $\frac{4\pi}{3}\varrho R^3 = M$ geliefert. Eine geometrische Bedeutung (Weltradius) besitzt R in der Newtonschen Kosmologie jedoch nicht. Die Welt ist unendlich ausgedehnt.

2. *Die Einsteinsche Theorie der Gravitation*

a) *Einwände gegen die Newtonsche Theorie*

Die Newtonsche Theorie der Gravitation ist trotz ihrer inneren Konsistenz und Abgeschlossenheit in mehrfacher Hinsicht ergänzungsbedürftig. Die von *Einstein* im Jahre 1905 aufgestellte spezielle Relativitätstheorie hat zu dem Ergebnis geführt, daß alle physikalischen Theorien invariant gegenüber der 10-parametrigen Gruppe der Lorentz-Transformationen sein müssen. Die Newtonsche Gravitationstheorie einschließlich der dazugehörigen Mechanik ist jedoch nicht lorentzinvariant, sondern invariant gegenüber der 10-parametrigen Gruppe der Galilei-Transformationen. Die Unterschiede zwischen galileiinvarianten und lorentzinvarianten Theorien machen sich erst bemerkbar, wenn die Geschwindigkeiten der betrachteten Objekte mit der Lichtgeschwindigkeit vergleichbar werden und sind daher erst von einem bestimmten experimentiertechnischen Niveau an bemerkbar. Weiterhin ist empirisch gezeigt worden, daß nicht nur Massenpunkte, sondern auch Lichtstrahlen durch ein Gravitationsfeld beeinflußt werden, wie die Ablenkung der Lichtstrahlen am Sonnenrand erkennen läßt. Im Rahmen der Newtonschen Gravitationstheorie wird jedoch Licht nicht von Gravitationsfeldern beeinflußt.

Es liegt daher nahe, nach dem Muster der Elektrodynamik, die den Prinzipien der speziellen Relativitätstheorie genügt, eine lorentzinvariante

Feldtheorie der Gravitation aufzustellen, die zugleich auch das Phänomen der Lichtablenkung enthält. Das wurde auch tatsächlich im Jahre 1912 von *Nordström* versucht. *Nordström* verallgemeinerte dazu die Newtonsche Potentialgleichung zu einer lorentzinvarianten Feldgleichung. Statt $\triangle$ verwendete er den entsprechenden lorentzinvarianten Differentialoperator $\Box = \frac{1}{c^2}\frac{\partial^2}{\partial t^2} - \triangle$, und an Stelle der nicht lorentzinvarianten Massendichte verwendete er die Spur $T = T^{\mu\nu}\eta_{\mu\nu}$ des relativistischen Energie-Impuls-Tensors $T^{\mu\nu}$, so daß die Feldgleichung schließlich

$$\Box\,\Phi(x^\nu) = \varkappa T$$

lautete. Diese Theorie lieferte jedoch – da die Spur des elektromagnetischen Energie-Impuls-Tensors verschwindet – nicht das Phänomen der Lichtablenkung am Sonnenrand und wurde daher bald aufgegeben. Aufgegeben wurde damit aber überhaupt jeglicher Versuch, die Newtonsche Gravitationstheorie in einer lorentzinvarianten Weise zu verallgemeinern. Die Entwicklung ist vielmehr, besonders unter dem Gewicht der wissenschaftlichen Autorität *Einsteins*, einen ganz anderen Weg gegangen.

Ausgangspunkt der Einsteinschen Gravitationstheorie sind zwei empirische Feststellungen und eine methodische Forderung. Empirisch ist die auch schon in der Newtonschen Theorie berücksichtigte Tatsache, daß die Bewegungsgleichung von Probekörpern im Gravitationsfeld deren Masse – wegen der Proportionalität von träger und schwerer Masse – nicht enthält. Weiter besitzt das Gravitationsfeld die Eigenschaft, daß es auf alle in der Natur bekannten Gegenstände, d. h. auf Licht und Materie, wirkt. Diese beiden Eigenschaften sind spezifisch für das Gravitationsfeld und gelten in keiner anderen Feldtheorie.

Geht man andererseits bei der Aufstellung einer Theorie von der methodischen Forderung aus, daß alle in der Theorie auftretenden Bestimmungsstücke eine experimentell verifizierbare Bedeutung haben, so sieht man, daß es in Anwesenheit von Gravitationsfeldern nicht möglich ist, ein pseudoeuklidisches Raum-Zeit-Kontinuum empirisch zu realisieren: Es gibt keine als Meßgeräte verwendbaren Gegenstände (Massenpunkte oder Lichtstrahlen), die nicht vom Gravitationsfeld affiziert werden. Da die Bewegungsgleichungen von Probekörpern die Masse nicht enthalten, kann man auch nicht durch Vergleich von Bahnen verschieden schwerer Körper Rückschlüsse auf den Euklidischen Raum ziehen.

Es ist infolgedessen nicht mit dem genannten methodischen Grundsatz vereinbar, eine Theorie der Gravitation als eine lorentzinvariante Feldtheorie in einem pseudoeuklidischen Raum-Zeit-Kontinuum zu formulieren. Dagegen erscheint es sinnvoll, die Aussagen der Theorie statt auf die unbeobachtbaren euklidischen Koordinatenachsen auf die wirklichen Bahnen von Lichtstrahlen und Massenpunkten zu beziehen bzw. auf Größen, die sich daraus bestimmen lassen. Die Durchführung dieses Programms zur Verallgemeinerung der Newtonschen Gravitationstheorie ist *Einstein* 1916 gelungen. Das Ergebnis ist die allgemeine Relativitätstheorie.

b) Die allgemeine Relativitätstheorie

In dieser Theorie ist das Gravitationsfeld ein tensorielles Feld $g_{\mu\nu}(x^\lambda)$, das der Einsteinschen Feldgleichung

$$R_{\mu\nu} - \frac{1}{2} R g_{\mu\nu} = - \varkappa T_{\mu\nu}$$

genügt. Auf der linken Seite stehen quasilineare Differentialformen zweiter Ordnung in den $g_{\mu\nu}$, die Größen $R_{\mu\nu}$ und R, und auf der rechten Seite steht der Energie-Impuls-Tensor $T_{\mu\nu}$ der Materie, der als Quelle des Gravitationsfeldes wirkt. Dabei ist $\varkappa$ die relativistische Gravitationskonstante $\varkappa = \frac{8\pi\gamma}{c^4}$. Die Bahn $x^\mu = x^\mu(s)$ eines Massenpunktes in einem Gravitationsfeld $g_{\mu\nu}$ wird durch die Bewegungsgleichung

$$\frac{d}{ds}\left(g_{\mu\nu} \frac{dx^\mu}{ds}\right) = \frac{1}{2} \frac{\partial g_{\alpha\beta}}{\partial x^\nu} \frac{dx^\alpha}{ds} \frac{dx^\beta}{ds}$$

beschrieben, wobei s ein durch $ds^2 = g_{\mu\nu} dx^\mu dx^\nu$ definierter Bahnparameter ist.

Aus dieser Bewegungsgleichung entnimmt man, daß sich die kräftefreien Bahnen von Massenpunkten als geodätische Linien in einem Riemannschen Raum auffassen lassen, dessen metrischer Tensor durch $g_{\mu\nu}$ gegeben ist. Umgekehrt ist dieses „Führungsfeld" $g_{\mu\nu}$ auch aus den empirischen Bahnen von Massenpunkten und Lichtstrahlen bestimmbar [3, 4]. Dieses empirisch realisierbare Feld $g_{\mu\nu}$ wird nun als metrischer Tensor einer Riemannschen Geometrie aufgefaßt, und alle physikalischen Vorgänge und Gesetze werden in bezug auf diesen Riemann-Raum formuliert, d. h. die Grundgleichungen der Physik müssen als kovariante Gleichungen in einem Riemannschen Raum formuliert werden.

Das gilt insbesondere für die Feldgleichung der Gravitation selbst. Sie ist eine kovariante Differentialgleichung für das Feld $g_{\mu\nu}$ und bringt dieses in Zusammenhang mit dem Materietensor $T_{\mu\nu}$. Das gleiche Feld $g_{\mu\nu}(x^\lambda)$ ist also (im Sinne der Feldgleichung) das Gravitationsfeld und (im Sinne der Bewegungsgleichung) das Führungsfeld. Diese Gleichheit von Gravitationsfeld und Führungsfeld ist ein von der Einsteinschen Theorie erfaßter physikalischer Sachverhalt. Die Interpretation des $g_{\mu\nu}$-Feldes als metrischer Tensor einer Riemannschen Geometrie und die daraus erwachsende Forderung der Kovarianz aller physikalischer Gleichungen ist dagegen eine Konsequenz der methodischen Forderung, daß eine physikalische Theorie nur beobachtbare Größen enthalten darf.

c) Die Einsteinsche Kosmologie

Die Einsteinsche Theorie ist empirisch durch sehr genaue Messungen verschiedener Effekte (Rotverschiebung, Lichtablenkung, Periheldrehung) im lokalen Bereich bestätigt worden. Darüber hinaus gestattet die Theorie auch die Behandlung globaler, d. h. kosmologischer Fragen [1]. Unter der Voraussetzung, daß das Weltsubstrat sich durch den Energie-Impuls-Tensor einer inkohärenten Materie

$$T^{\mu\nu} = \varrho u^\mu u^\nu$$

angenähert beschreiben läßt, und unter der Annahme (empirisches Weltpostulat), daß das Strömungsfeld homogen und isotrop ist, d. h.

$$u_{\mu,\nu} = (g_{\mu\nu} - u_\mu u_\nu)\,\frac{R_{,\lambda} u^\lambda}{R}$$

gilt, wobei R durch

$$u^\lambda{}_{,\lambda} = 3\,\frac{R_{,\mu} u^\mu}{R}$$

definiert ist, reduziert sich die Einsteinsche Feldgleichung auf eine gewöhnliche Differentialgleichung für $R(t)$ allein

$$\frac{1}{2}\dot{R}^2 - 8\,\frac{M}{R} = K$$

mit $\frac{4\pi}{3}\varrho R^3 = \text{const} = M$. Das ist wieder die Friedmannsche Differentialgleichung. Ihren drei Lösungstypen entsprechen Riemannsche Räume konstanter positiver, verschwindender und negativer Krümmung. Die Größe $R(t)$ hat hier die geometrische Bedeutung des (zeitabhängigen) Weltradius des jeweiligen kosmologischen Modells. Die zur Zeit bekannten kosmologischen Beobachtungsdaten lassen sich fast alle durch einen expandierenden Friedmannschen Raum erklären.

3. Die lorentzinvariante Gravitationstheorie

a) Die Problematik der Einsteinschen Konzeption

Die Einsteinsche Konzeption, den Begriff des Kraftfeldes insofern aus der Physik zu eliminieren, als die jeweiligen Bahnen von Massenpunkten Geodäten von Räumen mit geeignet gewählter Metrik sind, hat sich nur für das Gravitationsfeld durchführen lassen. Alle Versuche, diese Konzeption auch auf andere Felder zu übertragen, dürfen – obwohl außer *Einstein* viele bedeutende Physiker und Mathematiker daran beteiligt waren – als gescheitert angesehen werden. Die Entwicklung der Physik ist, besonders auch unter dem Einfluß der Quantenfeldtheorie, einen anderen Weg gegangen. Die Erkenntnis, daß jedem Elementarteilchen ein Feld entspricht, hat etwa seit 1930 dazu geführt, systematisch alle lorentzinvarianten Feldtheorien zu untersuchen. Die Lorentz-Gruppe spielte bei diesen Untersuchungen von Anfang an eine wesentliche Rolle, weil die verschiedenen Darstellungen dieser Gruppe den verschiedenen möglichen Feldern entsprechen. Als wichtigstes Ergebnis dieser Untersuchungen soll festgehalten werden, daß die halbzahligen Darstellungen der Lorentz-Gruppe zu den Spinorfeldern führen, die ihrerseits Teilchen mit halbzahligem Spin entsprechen, für die die Fermi-Statistik gilt. Das wichtigste Beispiel ist das Elektron mit dem Spin $\frac{1}{2}$. Die ganzzahligen Darstellungen entsprechen Tensorfeldern, die ihrerseits Teilchen mit ganzzahligem Spin und Bose-Statistik entsprechen. Das wichtigste Beispiel ist hier das Photon mit dem Spin 1, das einem Vektorfeld, dem elektromagnetischen Feld, entspricht.

Angesichts dieser bisher an keiner Stelle durchbrochenen Systematik, der fundamentalen Beziehung zwischen Spin und Statistik und der grundlegenden Rolle, die die Lorentz-Gruppe für diese Zusammenhänge spielt, erscheint die Einsteinsche Gravitationstheorie als ein schwer einzuordnender Sonderfall, und es liegt nahe, zu fragen, ob sich nicht auch die Einsteinsche Gravitationstheorie in die Systematik lorentzinvarianter Feldtheorien eingliedern läßt. Statt diese – zuerst von *Gupta* [5] in Angriff genommene – Frage zu untersuchen, wollen wir umgekehrt fragen, wie eine nach den heute anerkannten Prinzipien der relativistischen Feldtheorie aufgebaute Theorie der Gravitation aussehen müßte. Die Beziehungen zur Einsteinschen Theorie sollen erst im Anschluß daran besprochen werden.

b) Konstruktion einer lorentzinvarianten Gravitationstheorie

Dazu gehen wir von einigen gesicherten empirischen Feststellungen über das Gravitationsfeld aus:

1. Die Gravitation ist eine anziehende Kraft.
2. Die Reichweite der Gravitation ist sehr groß.
3. Licht wird vom Gravitationsfeld beeinflußt.
4. Quelle des Gravitationsfeldes ist der Energie-Impuls-Tensor.

Verlangt man, daß das Gravitationsfeld sich im Rahmen einer lorentzinvarianten Feldtheorie beschreiben läßt, so kann man aus diesen vier empirischen Feststellungen sofort einige wichtige Konsequenzen ziehen. Die Tatsache, daß die Gravitationskraft anziehend ist, bedeutet, daß es sich um ein skalares Feld φ oder um ein Tensorfeld $\psi_{\mu\nu}$ handelt. Vektorfelder führen zu abstoßenden Kräften, wie die Elektrodynamik lehrt. Da weiter die Reichweite des Feldes sehr groß ist, ist die Ruhemasse eines entsprechenden Elementarteilchens, des Gravitons, sehr klein. Wir wollen annehmen, daß die Ruhemasse des Gravitons $m_0 = 0$ verschwindet, so daß noch ein skalares oder ein tensorielles Feld der Ruhemasse $m_0 = 0$ zur Wahl stehen. Die Lichtablenkung kann aber nur durch ein Tensorfeld beschrieben werden. Ein skalares Gravitationsfeld liefert, wie schon bei der Diskussion der Nordströmschen Theorie erwähnt wurde, keine Lichtablenkung und muß daher ausgeschlossen werden. Man wird daher versuchen, die Gravitation durch ein masseloses Tensorfeld zu beschreiben. Da die Quelle dieses Feldes der (symmetrische) Energie-Impuls-Tensor der Materie ist, ergibt sich weiter aus den Feldgleichungen, daß auch das Tensorfeld selbst symmetrisch ist. Verlangt man schließlich noch, daß die durch dieses symmetrische Tensorfeld beschriebenen Gravitonen einen eindeutig definierten Spin, nämlich $s = 2$, haben, so ist durch die Gesamtheit dieser Forderungen die Lagrangefunktion des Gravitationsfeldes eindeutig bestimmt, wenn wir uns zunächst auf Lagrangefunktionen beschränken, die auf lineare Feldgleichungen führen [6].

Diese zuerst von *Thirring* [6] angegebene Lagrangefunktion L_F des Feldes lautet dann:

$$L_F(\psi) = \frac{1}{2} \int d^4 x \, \{\psi_{\mu\nu,\sigma} \, \psi^{\mu\nu,\sigma} - 2 \, \psi_{\mu\nu,\sigma} \psi^{\mu\sigma,\nu} - \psi_{,\sigma} \, \psi^{,\sigma} + 2 \, \psi_{,\sigma} \psi^{\nu\sigma}_{,\nu}\}$$

Die gesamte Lagrangefunktion L eines abgeschlossenen Systems aus inkohärenter Materie, das sich unter der Wirkung des von ihm selbst erzeugten Gravitationsfeldes bewegt, setzt sich zusammen aus dieser Lagrangefunktion L_F des Feldes, der Lagrangefunktion

$$L_M = -\int d^4 x \varrho$$

der inkohärenten Materie der Dichte ϱ und der Lagrangefunktion

$$L_{int} = f \int d^4 x \, \psi_{\mu\nu}(x) \, T^{\mu\nu}(x)$$

der Wechselwirkung zwischen Feld und Materie. Aus

$$L = L_F(\psi) + L_M(\varrho) + L_{int}(\psi_{\mu\nu}, T^{\mu\nu})$$

erhält man dann durch Variation nach den Feldgrößen, d. h. durch

$$\frac{\delta L}{\delta \psi_{\mu\nu}} = 0$$ die Feldgleichung für das $\psi_{\mu\nu}$-Feld

und durch

$$\frac{\delta L}{\delta x^\mu} = 0$$ die Bewegungsgleichung der Materie,

wobei $x^\mu(s)$ die Bahn eines Massenpunktes bzw. eines Materieelementes der durch die Dichte ϱ beschriebenen inkohärenten Materie ist.

Unter Verwendung des Energie-Impuls-Tensors

$$T^{\mu\nu} = \varrho u^\mu u^\nu$$

der inkohärenten Materie lautet die

Feldgleichung:

$$G^{\mu\nu}(\psi_{\mu\nu}) = -f T^{\mu\nu},$$

wobei $G^{\mu\nu}(\psi_{\mu\nu})$ ein linearer Differentialoperator 2. Ordnung ist, der außerdem noch die Identitäten

$$G^{\mu\nu}_{,\nu} = 0$$

erfüllt. (Diese Identitäten folgen nach dem 2. Noetherschen Theorem aus der Invarianz der Variationsableitung $\frac{\delta L_F}{\delta \psi^{\mu\nu}} = G_{\mu\nu}$ gegenüber den Eichtransformationen $\psi_{\mu\nu} \to \psi_{\mu\nu} + \Lambda_{\mu,\nu} + \Lambda_{\nu,\mu}$ mit einem beliebigen Vektorfeld Λ_ν.)

Die Bewegungsgleichung der Materie heißt

$$T^{\mu\nu}_{,\nu} = u^{\mu}\partial_{\nu}(\varrho u^{\nu}) + u^{\nu}\varrho\,\partial_{\nu}u^{\mu} = k^{\mu},$$

wobei

$$k_{\mu} = \varrho\,\{u^{\lambda}\partial_{\lambda}(2f\,\psi_{\mu\nu}u^{\nu}) - f\,\partial_{\mu}\psi_{\alpha\beta}u^{\alpha}u^{\beta} - u^{\lambda}\partial_{\lambda}(\eta_{\mu\nu}u^{\nu}f\,\psi_{\alpha\beta}u^{\alpha}u^{\beta})\}$$

die Kraftdichte (pro Masseneinheit) der Gravitationskräfte ist.

c) Inkonsistenz von Feld- und Bewegungsgleichungen

Die so aus einer Lagrangefunktion hergeleiteten Feld- und Bewegungsgleichungen sind jedoch nicht miteinander verträglich. Aus der Feldgleichung $G^{\mu\nu} = -f\,T^{\mu\nu}$ folgt nämlich wegen der Identität $G^{\mu\nu}_{,\nu} = 0$ sofort $T^{\mu\nu}_{,\nu} = 0$, also die Bewegungsgleichung kräftefreier Materie, während aus dem Variationsprinzip die Bewegungsgleichung $T^{\mu\nu}_{,\nu} = k^{\mu}$, die die Gravitationskräfte enthält, folgt. Die angenommene Lagrangefunktion L führt also nicht zu einer sinnvollen Theorie der kontinuierlichen Materie in Wechselwirkung mit dem Gravitationsfeld.

Der Widerspruch zwischen Feld- und Bewegungsgleichung läßt sich jedoch dadurch beheben, daß man die Bewegungsgleichungen und die Feldgleichungen als Anfang einer Entwicklung einer noch unbekannten Theorie nach Potenzen von f auffaßt. Die Lagrangefunktion ist dann auch nur das erste (lineare) Glied einer Entwicklung der vollständigen Lagrangefunktion nach f, und für die ersten Terme ergibt sich folgendes Bild:

$$\begin{array}{llll} f^0: & L^{(0)} = L_F + L_M & \Rightarrow G^{\mu\nu} = 0 & T^{\mu\nu}_{,\nu} = 0 \\ & & & \nearrow \\ f^1: & L^{(1)} = L^{(0)} + L_{int} & \Rightarrow G^{\mu\nu} = -f\,T^{\mu\nu} & T^{\mu\nu}_{,\nu} = k^{\mu} \\ f^2: & \ldots & & \end{array}$$

Aus der Feldgleichung der Ordnung f^1 folgt somit die Bewegungsgleichung der Ordnung f^0.

Fordert man für die höheren Glieder der Entwicklung *Konsistenz* in dem Sinne, daß aus der *Feldgleichung n-ter Ordnung* stets die *Bewegungsgleichung (n — 1)-ter Ordnung* folgt, so ist durch diese Forderung zusammen mit der Forderung der Eichinvarianz die gesamte Entwicklung eindeutig festgelegt. Wyss [7] und Barbour [8] haben gezeigt, daß die so definierte – sehr komplizierte nichtlineare – Feldtheorie der Gravitation identisch ist mit der von Gupta [5] angegebenen Entwicklung der Einsteinschen Gravitationstheorie nach der Gravitationskonstanten $\varkappa$.

d) Geometrische Interpretation

Diese zunächst nur formale Feststellung erklärt jedoch noch nicht den grundlegenden Unterschied der beiden Theorien, der darin besteht, daß die Einsteinsche Theorie in einem Riemannschen Raum formuliert ist, die eben angegebene Theorie dagegen im Minkowskiraum. Um diese unterschiedliche Formulierung zu erklären, gehen wir aus von der Bewegungsgleichung eines Massenpunktes im Rahmen der lorentzinvarianten Gravitationstheorie. Sie lautet [9]

$$\frac{d}{ds}\left(\eta_{\mu\nu}\frac{dx^\nu}{ds}\right)=\frac{d}{ds}\left(2f\,\psi_{\mu\nu}\frac{dx^\nu}{ds}\right)-f\,\psi_{\alpha\beta,\mu}\frac{dx^\alpha}{ds}\frac{dx^\beta}{ds}-$$
$$-\frac{d}{ds}\left(\eta_{\mu\nu}\frac{dx^\nu}{ds}f\psi_{\alpha\beta}\frac{dx^\alpha}{ds}\frac{dx^\beta}{ds}\right),$$

wobei $ds^2=\eta_{\mu\nu}dx^\mu dx^\nu$ das Linienelement im Minkowski-Raum ist. Wegen der eben erwähnten Konsistenzschwierigkeiten ist diese Gleichung aber nur bis auf Glieder der Ordnung f^2 bestimmt. Definiert man nun

$$g_{\mu\nu}=\eta_{\mu\nu}-2f\,\psi_{\mu\nu}\qquad d\bar{s}^2=g_{\mu\nu}dx^\mu dx^\nu,$$

so zeigt sich, daß sich die obige Bewegungsgleichung bis auf Terme der Ordnung f^2 in die Form

$$\frac{d}{d\bar{s}}\left(g_{\mu\nu}\frac{dx^\mu}{d\bar{s}}\right)=\frac{1}{2}g_{\alpha\beta,\nu}\frac{dx^\alpha}{d\bar{s}}\frac{dx^\beta}{d\bar{s}}$$

bringen läßt [9]. Das ist aber die Differentialgleichung für eine geodätische Linie in einem Riemannschen Raum der Metrik $g_{\mu\nu}=\eta_{\mu\nu}-2f\,\psi_{\mu\nu}$.

Damit ist die Möglichkeit gegeben, die Bewegung von Massenpunkten geometrisch zu interpretieren: Die Bahnen von Massenpunkten sind die Geodäten in einem Riemannschen Raum mit der Metrik $g_{\mu\nu}=\eta_{\mu\nu}-$ $-2f\,\psi_{\mu\nu}$. Diese Beziehung besteht nicht nur in der ersten, sondern in jeder Ordnung der angegebenen Entwicklung nach Potenzen von f. Da andererseits die Ausmessung von Raum-Zeit-Intervallen nur mit Hilfe von Lichtstrahlen oder kräftefreien Massenpunkten erfolgen kann, so folgt, daß die observable Metrik die Metrik $g_{\mu\nu}$ des Riemannschen Raumes ist [3, 4]. Stellt man nun die Einsteinsche methodische Forderung auf, daß die Theorie nur empirisch realisierbare Bestimmungsstücke enthalten soll, so muß man die pseudoeuklidische Metrik $\eta_{\mu\nu}$ auch in der Feldgleichung für das $\psi_{\mu\nu}$-Feld vollständig eliminieren und durch das beobachtbare

Führungsfeld $g_{\mu\nu}$ ausdrücken. Man erhält so eine Feldgleichung für das Feld $g_{\mu\nu}$, die in erster Ordnung f mit der in einem Riemannschen Raum der Metrik $g_{\mu\nu}$ kovarianten Einsteinschen Feldgleichung $R_{\mu\nu} - \frac{1}{2} R g_{\mu\nu} = -f^2 T_{\mu\nu}$ übereinstimmt.

Die lorentzinvariante Gravitationstheorie geht also in die im Riemannschen Raum formulierte Einsteinsche Theorie über, wenn man sie mit der Einsteinschen Forderung verbindet, daß alle Bestimmungsstücke der Theorie empirisch realisierbar sein sollen. Mathematisch bedeutet das, daß man die Theorie auf das durch die Bewegungsgleichung bestimmte Führungsfeld $g_{\mu\nu}$ bezieht, indem man dieses als metrischen Tensor eines Riemannschen Raumes interpretiert. Es ist offensichtlich, daß beide Theorien jedenfalls in Hinblick auf lokale Probleme in ihren Ergebnissen übereinstimmen.

e) *Kosmologische Lösungen*

Die Frage, ob die beiden Theorien auch in Hinblick auf globale Lösungen äquivalent sind, soll hier nicht allgemein, sondern nur für eine besondere Klasse kosmologischer Lösungen behandelt werden [10]. Im Rahmen der lorentzinvarianten Gravitationstheorie entsprechen kosmologischen Lösungen offenbar unendlich ausgedehnte Materieverteilungen. Von diesen als inkohärent vorausgesetzten Materieverteilungen wollen wir wieder annehmen, daß sie dem Weltpostulat gehorchen, d. h., daß das Geschwindigkeitsfeld und die Dichte für jeden mit der Materie bewegten Beobachter *homogen* und *isotrop* sind. Ähnlich wie in der Newtonschen Kosmologie wollen wir diese Forderungen an Stelle von Randbedingungen verwenden, um das gekoppelte System aus Feld- und Bewegungsgleichungen zu lösen.

Die bisher formulierten Feld- und Bewegungsgleichungen der lorentzinvarianten Gravitationstheorie gelten in einem Inertialsystem. Durch eine Koordinatentransformation muß man diese beiden Gleichungen zunächst in dasjenige (nicht mehr inertiale) Bezugssystem transformieren, in dem die inkohärente Materie ruht, d. h., man geht über zu mitschwimmenden Koordinaten. Zusammen mit der Bedingung der *Homogenität* und *Isotropie* für das Strömungsfeld reduzieren sich dann diese Gleichungen auf eine gewöhnliche Differentialgleichung für eine Größe $R(t)$, die bis auf Glieder höherer Ordnung in f mit der *Friedmannschen Differentialgleichung* übereinstimmt [10]. Die Größe $R(t)$ hängt mit der Dichte ϱ und dem Gravitationsfeld $\psi_{\mu\nu}$ zusammen, besitzt aber keine einfache und anschauliche Bedeutung.

Bezieht man jedoch die ganze Theorie auf einen Riemannschen Raum, dessen metrischer Tensor $g_{\mu\nu}$ mit dem aus der Bewegungsgleichung der Materie bestimmten Führungsfeld übereinstimmt, so erhält man in der jeweils untersuchten Ordnung von f die aus der Einsteinschen Theorie bekannten *Friedmannschen Räume* zurück [10], $R(t)$ besitzt dann die Bedeutung des jeweiligen zeitlich veränderlichen *Krümmungsradius*. Die Frage, ob die Welt ein möglicherweise endlicher Riemannscher Raum oder ein unendlich ausgedehnter pseudoeuklidischer Raum ist, erscheint auf Grund dieser Überlegungen von einer *methodischen Vorentscheidung* abzuhängen: Während in Hinblick auf die unbeobachtbare Metrik des Minkowskiraumes die Welt *unendlich* ist, wird sie, bezogen auf die Metrik der observablen Geometrie, durch einen dreidimensionalen Raum konstanter Krümmung mit einem zeitlich veränderlichen Krümmungsradius dargestellt.

Summary

The theory of gravitation, which has been formulated in the framework of Einstein's General Theory of Relativity, has an exceptional position in respect to modern field theories, since it is formulated in a Riemannian space, which is determined by the motion of mass points and light rays.

The attempt to construct a theory of gravitation on the same principles on which usually field theories are based leads to a symmetric tensor field. Using the equations of motion for mass points and light rays, which serve also as measuring devices for space-time intervals, the theory can be reformulated into a theory which contains exclusively observable quantities. This theory is identical with Einstein's theory of gravitation.

The possibility to interprete Einstein's theory of gravitation either as a theory in a Riemannian space or as a Lorentz-invariant field theory in the Euklidian space, exists as well for local problems as for a few global problems, which are connected with the structure of the universe.

Literatur

[1] *Heckmann, O.*, und *E. Schücking*, in: Handbuch der Physik, Bd. LIII (S. Flügge ed.), S. 489, Berlin–Göttingen–Heidelberg, Springer 1959.
[2] *Heckmann, O.*, und *E. Schücking*, Z. Astrophys. *38*, 95 (1955); *40*, 81 (1961).
[3] *Marzke, R. F.*, und *J. A. Wheeler*, in: Chiu, H. Y., und W. Hoffmann, Gravitation and relativity, p. 40, New York, Benjamin 1964.
[4] *Kundt, W.*, und *B. Hofmann*, in: Recent developments in general relativity, p. 303, Warschau: PWN 1962.
[5] *Gupta, S. M.*, Proc. Roy. Soc. (London) A*65*, 608 (1952); Phys. Rev. *96*, 1683 (1954); Rev. Modern Phys. *29*, 337 (1957).
[6] *Thirring, W.*, Fortschr. Physik *7*, 97 (1959); Ann. Phys. (N.Y.) *16*, 96 (1961).
[7] *Wyss, W.*, Helv. Phys. Acta *38*, 469 (1965).
[8] *Barbour, J. B.*, Diss. Köln 1967.
[9] *Mittelstaedt, P.*, und *J. B. Barbour*, Z. Physik *203*, 82 (1967).
[10] *Mittelstaedt, P.*, Z. Physik *211*, 271 (1968).

Diskussion

Professor Dr. rer. nat., Dr. sc. math. h.c., Dr. rer. nat. h.c. Heinrich Behnke: Ich darf damit beginnen, daß ich mich auf die Einleitung des Vortragenden beziehe und vermute, daß wir uns schnell einig werden. Aber Sie, Herr Mittelstaedt, haben einige Formulierungen gebraucht, die ich nicht ohne Rückfragen akzeptieren kann.

Sie sprachen von der Geometrie als einer physikalischen Realität. Dazu etwas, was die Begriffsbestimmung betrifft: Die Mathematik in allen ihren Zweigen ist nur ein Gedankengebilde und als solches ein Werkzeug für andere Wissenschaften, insbesondere die Physik. Ob die Euklidische oder eine andere Geometrie gilt, ist etwas, wonach innerhalb der Mathematik zu fragen, völlig sinnlos ist. Soweit die Logiker uns das Denken erlauben, sind die Geometrien alle gleichberechtigt. Das wurde am Ende des vorigen Jahrhunderts geklärt.

Man kann also, wenn man zunächst über den physikalischen Raum eine erste Unterrichtung geben will, nicht sagen: Die Geometrie ist nichteuklidisch, und auch nicht, sie ist euklidisch. Es stellt sich für den Physiker alleine die Frage: Welches Hilfsmittel aus der Mathematik eignet sich am besten zur Beschreibung der physikalischen Welt? Sind wir uns darüber einig?

Professor Dr. rer. nat. Peter Mittelstaedt: Ich möchte darauf folgendermaßen antworten: Der Euklidische oder der Riemannsche Charakter der Geometrie in der Physik bedeutet nichts anderes, als daß man Längen und Zeitintervalle mit Hilfe von Lichtstrahlen und kräftefreien Massenpunkten mißt, deren Naturgesetze dann in das Meßresultat eingehen, so daß man hinterher sagen kann: Für die gemessenen Raum-Zeit-Intervalle gilt eine Riemannsche Geometrie.

Professor Dr. rer. nat., Dr. sc. math. h.c., Dr. rer. nat. h.c. Heinrich Behnke: Dann sind wir uns zunächst darüber einig. Nun kommt der zweite Punkt: Er ist mir schon auf der letzten Sitzung aufgefallen, als Herr Heisenberg sprach. Man konnte den Eindruck gewinnen, als würde der Physik von seiten der Mathematik als allgemeinste Geometrie die Riemannsche Geometrie zur Verfügung gestellt. Davon kann aber nicht die Rede sein.

Die Riemannsche Geometrie – 1854 in Riemanns Habilitationsvortrag: „Über die Hypothesen, welche der Geometrie zugrunde liegen" zuerst eingeführt und bald darauf (1868) durch Helmholtz in seiner bei der Göttinger Akademie der Wissenschaften eingereichten Arbeit: „Über den Ursprung und die Bedeutung der geometrischen Axiome" vom Standpunkt der damaligen physikalischen Erkenntnisse interpretiert und eingeengt, aber verteidigt gegen den Anspruch der Philosophen, daß die Euklidische Geometrie die einzig denkbare Geometrie sei, ist im Rahmen unserer heutigen geometrischen Erkenntnisse nur eine spezielle Geometrie unter vielen, vielen möglichen.

Es tritt die Frage auf, ob es nicht für den Physiker, um mehr von seinen Daten hineinstecken zu können, besser wäre, eine ganz andere Geometrie zu wählen. Der Vorteil der Riemannschen Geometrie ist vorläufig der, daß für sie durch die italienische Geometer-Schule, ferner vor allem durch Einstein und Schouten ein sehr bequemer und übersichtlicher Rechenapparat entwickelt worden ist. Aber es stellt sich heute die Frage: Warum gerade die Riemannsche Geometrie? Die physikalischen Erkenntnisse zu Zeiten Einsteins ließen das als zweckmäßig ansehen. Mit dem Wachsen der physikalischen Einsichten könnte es eines Tages anders werden. Riemann hatte auch seine Geometrie schon 62 Jahre früher eingeführt, als Einstein sie für die Physik nutzbar machte. Die Riemannsche Geometrie ist keine Erfindung Einsteins.

In Ihrem Vortrag haben Sie dann an einer späteren Stelle folgendes gesagt: Man solle die Geometrie so wählen, daß die Lichtbahnen auf den Geraden (den geodätischen Linien) bleiben. Da nun andererseits das Licht der Gravitation unterliegt, wird sozusagen von Zeit-Raum-Punkt zu Zeit-Raum-Punkt die geometrische Struktur des physikalischen Raumes dauernd verändert. Darüber – so vermute ich – sind wir uns einig.

Professor Dr. rer. nat. Peter Mittelstaedt: Wenn man ausgeht von der lorentzinvarianten Formulierung der Gravitationstheorie und geht in der dargestellten Weise über zu einem allgemeineren, nicht mehr pseudoeuklidischen Raum-Zeit-Kontinuum, dann zeigt sich, daß die Kopplung des Gravitationsfeldes an den Energie-Impuls-Tensor der Materie der Grund dafür ist, daß man hier eine Riemannsche Geometrie herausbekommt.

Die Frage, warum sich hier nicht eine andere Geometrie ergibt, läßt sich folgendermaßen beantworten: Die Kopplung an den Energie-Impuls-Tensor ist der definitive Grund dafür, daß man eine Riemannsche Geometrie erhält und nicht etwas Komplizierteres. Vom Gesichtspunkt der Gravitationstheorie aus ist nichts Komplizierteres notwendig.

Professor Dr. rer. nat., Dr. sc. math. h.c., Dr. rer. nat. h.c. Heinrich Behnke: Ganz recht! Das Bemühen geht aber seit Einstein dahin, noch mehr physikalische Daten in die Grundgleichungen hineinstecken zu können. Man möchte noch mehr Parameter zur Verfügung haben.

Professor Dr. rer. nat. Peter Mittelstaedt: Das ist fast eine historisch-psychologische Frage. Die Bemühungen um eine einheitliche Feldtheorie im Sinne der Geometrisierung, die Einstein 30 Jahre lang zu formulieren versucht hat, sind eigentlich seit Einsteins Tod aufgegeben worden, d. h., man hat nicht mehr daran weitergearbeitet. Die Frage, ob so etwas geht oder nicht geht, ist weder im positiven noch im negativen Sinne beantwortet worden.

Professor Dr. rer. nat., Dr. sc. math. h.c., Dr. rer. nat. h.c. Heinrich Behnke: Man könnte aber vielleicht auch einen Ansatz machen, der zum Vorteil der physikalischen Beschreibung unserer Welt eine allgemeinere Geometrie wählt. Das ist offenbar weniger versucht worden.

Professor Dr. rer. nat. Peter Mittelstaedt: Das ist meines Wissens nicht versucht worden.

Professor Dr. rer. nat., Dr. sc. math. h.c., Dr. rer. nat. h.c. Heinrich Behnke: Dann zur Kosmologie! Sie sprachen von einem „Weltpostulat“ betreffend die Homogenität des Raumes. Das verstehe ich. Aber schließen Sie in die Forderung der Homogenität die Orientiertheit des gesamten Weltinnenraumes oder auch nur seine Orientierbarkeit (was in Ihrer Terminologie die Parität heißt) ein? Das ist eine Frage, die das letzte Mal in der Diskussion zwischen den Herren Heisenberg und Bleuler auch auftrat. Es wurde dabei erinnert an den sich eine längere Zeit hinziehenden Dialog zwischen Wolfgang Pauli und Hermann Weyl. Dieser kleine Teil der Diskussion zwischen den Herren Heisenberg und Bleuler ist mir noch längere Zeit durch den Kopf gegangen. Ich war nämlich einige wenige Male bei den Gesprächen zwischen Pauli und Weyl anwesend. So habe ich – zugleich auf das Schrifttum beider Herren gestützt – etwas historische Einsicht in die gedanklichen Voraussetzungen, unter denen die Gespräche stattfanden.

Weyl ging von seinem großen Werk „Raum, Zeit, Materie“ aus. Ihm war aufgefallen, daß die Physiker – etwa beim vektoriellen Produkt – mit einem fest orientierbaren Raum rechneten, andererseits dafür aber keine physikalische Einsicht heranzogen. Nun muß man sich auf der anderen Seite Wolfgang Pauli vorstellen. Er war ein Mensch, der seine Aufgabe darin sah, möglichst vielen Nebenmenschen die Zähne zu ziehen. In privaten Gesprächen hat dieser Nobelpreisträger gelegentlich gesagt: Meine Kraft – und er hat einen großen Einfluß auf die Physiker seiner Zeit gehabt (siehe das Berner Kolloquium 19) – beruht vor allem darin, Vorurteile anderer, und hier in erster Linie der Physiker, zu vernichten. So paßte Pauli zunächst der Zweifel, den Weyl gegenüber den physikalischen Vorstellungen anmeldete. Andererseits war Pauli bewußt ein Physiker, der die „Spintisierereien" der Mathematiker für überflüssig, ja gefährlich hielt. So erscheint es mir erklärbar, daß Pauli später von den Zweifeln Hermann Weyls abrückte.

Schließlich darf ich noch etwas hinzufügen, was mich immer interessiert hat. In meine Studienzeit fällt die schnelle und kurze Entwicklung der allgemeinen Relativitätstheorie. Und ich habe lebhaft daran Anteil genommen. Deshalb interessierte es mich besonders, daß Herr Mittelstaedt noch einmal bestätigte, daß in dem Raum, den man kosmologisch den lokalen Bereich nennt, die Relativitätstheorie bestätigt worden ist. So habe ich auch seit etwa 1920 gedacht. Nun aber hörte ich vor nicht allzu langer Zeit von einem angesehenen Astronomen, daß nichts von dem stimme. Ganz wenige der zur Relativitätstheorie gehörenden Phänomene wären eindeutig. Alles andere läge noch im Bereich des Ungewissen. Ich freue mich nun zu hören, daß dem nicht so ist.

Professor Dr. rer. nat. Peter Mittelstaedt: Soweit ich informiert bin und die Literatur kenne, sind die drei Standardtests jetzt wirklich überzeugend nachgewiesen. Ich glaube nicht, daß man daran noch zweifeln muß.

Professor Dr. phil. Friedrich Becker: Soviel ich sehe, steht es mit den astronomischen Prüfungsmöglichkeiten der allgemeinen Relativitätstheorie zur Zeit so: Der Effekt der Rotverschiebung der Spektrallinien konnte mit befriedigender Genauigkeit nachgewiesen werden. Die Lichtablenkung am Sonnenrand ist zweifelsfrei festgestellt worden, aber die gemessenen Werte schwanken, wohl aus beobachtungstechnischen Gründen, zwischen 1″.61 und 2″.24 um den theoretisch geforderten Wert 1″.74. Die beobachtete Perihelbewegung des Merkur stimmt genau mit der Theorie überein, jedoch wird neuerdings geltend gemacht, daß schon eine sehr geringe Abplattung der Sonne ebenfalls einen Beitrag zur Perihelbewegung liefern würde. Ein sicherer Nachweis einer Abplattung der Sonne konnte allerdings bisher nicht erbracht werden.

Professor Dr. rer. nat. Peter Mittelstaedt: Die Vorbehalte hinsichtlich der Perihel-Verschiebung stammen von Dicke. Eine von Brans und Dicke entwickelte alternative Gravitationstheorie liefert zunächst nicht die gemessene Perihelverschiebung, würde dies aber tun, wenn eine Abplattung der Sonne vorhanden wäre. Dieser Problemkreis kann jedoch insofern noch nicht abschließend behandelt werden, als die Perihelverschiebung, die im Rahmen der Brans-Dicke-Theorie durch ein anderweitig bestimmtes Quadrupolmoment der Sonne erzeugt wird, noch nicht quantitativ berechnet ist.

Professor Dr. phil. Friedrich Becker: Es scheint neuerdings gelungen zu sein, Gravitationswellen aus dem Weltraum experimentell nachzuweisen. Welchen Einfluß haben diese Messungen auf die Theorie der Gravitation?

Professor Dr. rer. nat. Peter Mittelstaedt: Die Gravitationstheorie, so wie ich sie hier dargestellt habe, hat mögliche Wellenlösungen. Man wußte bislang nicht, ob diese Wellenlösungen auch real existieren. Die *Weber*schen Experimente scheinen nun zu zeigen, daß es diese Wellen wirklich gibt. Das wäre im Rahmen dieser Theorie sehr befriedigend, denn man könnte nur schwer verstehen, warum eine solche Theorie keine Wellenlösungen haben soll.

Professor Dr. rer. nat. Helmut Faissner: Sie haben die lineare Einsteinsche Theorie in einem gekrümmten Raum ersetzt durch eine nichtlineare Theorie in einem ebenen Raum. Das läuft bei dem eben erwähnten Experiment der Lichtablenkung am Sonnenrand auf folgendes hinaus: Ob die Photonenbahn geodätisch in einem gekrümmten Raum ist, läßt sich auf Grund des Experiments gar nicht entscheiden. Es könnte genausogut sein, daß in unserem ebenen Raum das Licht durch eine Wechselwirkung abgelenkt wird und auf einer gekrümmten Bahn verläuft.

Professor Dr. rer. nat. Peter Mittelstaedt: Das sind einfach zwei verschiedene Sprechweisen für ein und denselben Sachverhalt.

Professor Dr. rer. nat. Helmut Faissner: Da darf ich nun ein Bedenken anmelden. Ist mit dieser Äquivalenz, die doch nur auf etwas gewaltsame Art und Weise zu erzielen war, nicht ein grundlegender Vorzug der Einsteinschen Theorie verlorengegangen, ohne daß man etwas Neues gewinnt? In der Einsteinschen Theorie haben wir doch gerade die Schönheit, daß der etwas dubiose Begriff der Wechselwirkung verschwunden ist und die kräftefreie Bewegung auf einer Geodätischen erfolgt.

Professor Dr. rer. nat. Peter Mittelstaedt: Man kann auf diese Weise verstehen, warum die Einsteinsche Gravitationstheorie den Riemannschen Raum verwendet im Gegensatz zu allen anderen Feldtheorien, die wir kennen. Dieser Riemannsche Raum wird durch das spezielle Kraftgesetz ermöglicht, das heißt, man kann eine Theorie der Gravitation interpretieren als eine Theorie von Massenpunkten, die sich frei in einem Riemannschen Raum bewegen. Das kann man für eine Gravitationstheorie – und nur für eine Gravitationstheorie – sagen. Man sieht an der lorentzinvarianten Formulierung dieser Theorie, an welchen Eigenschaften das im einzelnen liegt.

Professor Dr. rer. nat. Helmut Faissner: Ich darf die Zusatzfrage stellen: Sie haben die Gravitationstheorie definiert durch ein symmetrisches Tensorfeld mit Spin 2 und verschwindender Masse?

Professor Dr. rer. nat. Peter Mittelstaedt: Anschaulich gesprochen dadurch, daß es ein Feld ist, hinsichtlich dessen es keine neutralen Probekörper gibt, d. h., daß das Feld auf alle Arten Materie, und zwar auf den Energie-Tensor, wirkt. Das ist die entscheidende Eigenschaft, die das Äquivalenz-Prinzip zur Folge hat. Nur weil es keine neutralen Probekörper gibt, hat es einen Sinn, diese so definierte Geometrie wirklich als die Geometrie der Welt zu interpretieren. Sonst wäre es ja nur die Geometrie, die für Gravitationsladungen gilt. Es wäre aber ziemlich nutzlos, für jede Art von Partikelladung, Barionen-Ladung, elektrische Ladung usw. eine eigene Geometrie einzuführen. Dagegen ist die Einsteinsche Geometrie universell, und dieser universelle Charakter basiert auf dem Äquivalenz-Prinzip.

Professor Dr. math. Konrad Bleuler: Herr Mittelstaedt hat in seinem vorangehenden Votum schon einiges aus meiner Fragestellung vorweggenommen. Ich möchte zunächst betonen, daß Herr Mittelstaedt in sehr schöner Weise gezeigt hat, daß man die Einsteinschen Gravitationsgleichungen auch von einem ganz anderen Gesichtspunkte aus, nämlich von demjenigen der bekannten quantenmechanischen Wellengleichungen für Partikel, erhalten kann. Es scheint mir, ganz allgemein gesagt, von Bedeutung zu sein, daß viele grundlegende physikalische Theorien von ganz verschiedenen Ausgangspunkten aus aufgebaut werden können.

In diesem Zusammenhang möchte ich bemerken, daß in jüngster Zeit auf dem Gebiete der Elementarpartikel sehr viele neue empirische Tatsachen gefunden wurden, zu deren Erforschung ähnliche Gedankengänge verwendet werden mußten wie seinerzeit bei der Aufstellung der Gravitationsgesetze durch Einstein. Durch diese Entwicklung wird die allgemeine Relativitätstheorie wieder ganz in den Kreis der aktuellen Forschung einbezogen, nachdem die Arbeiten auf diesem Gebiet während einer relativ langen Periode leider von der allgemeinen Entwicklung ziemlich isoliert waren.

Man kann deshalb wohl sagen, daß die Einsteinschen Gedankengänge aus den Jahren 1905 bis 1918 der Entwicklung der theoretischen Physik in gewissem Sinne weit vorausgegriffen haben, indem die Gravitation ein erstes Beispiel einer universellen Wechselwirkung, die durch eine charakteristische Invarianzforderung bestimmt ist, darstellt. Auf dem Gebiete der Elementar-Partikel ist die Universalität gewisser Wechselwirkungstypen, wie z. B. der sogenannten „schwachen Wechselwirkungen", von grundlegender Bedeutung geworden: Sie bedeutet, daß die Gesamtheit der Partikel, von denen ja eine große Zahl in den letzten Jahren entdeckt worden ist, genau denselben Wechselwirkungsgesetzen unterworfen ist, welche ihrerseits wieder durch charakteristische Invarianzforderungen bestimmt sind (z. B. SU_3-Invarianz bei den sogenannten starken Wechselwirkungen oder Eichinvarianz bei den elektromagnetischen Wechselwirkungen).

Wenn Sie erlauben, möchte ich auch noch auf die grundlegende Frage „Warum gerade Riemannsche Geometrie?" von Herrn Professor Behnke eingehen. Vom physikalischen Standpunkt aus wäre dazu zu bemerken, daß auch die Einsteinsche Gravitationstheorie in der hergebrachten Form, wie alle physikalischen Theorien, nur in einem begrenzten (in diesem Falle jedoch sehr großen) Anwendungsbereich Gültigkeit hat. Es ist z. B. zu bedenken, daß der Riemannsche Raumbegriff bei Betrachtung sehr kleiner Distanzen (Bereiche von der Größenordnung 10^{-14} cm) seine Gültigkeit verliert, und daß die Physiker seit langem auf der Suche nach einer geeigneteren mathematischen Begriffsbildung sind. (Diese Fragen hängen auch mit dem bisher ungelösten Problem der Quantisierung des Gravitationsfeldes zusammen.)

Auf der anderen Seite stellt die Anwendung der Riemannschen Geometrie im makroskopischen Fall gewiß eines der schönsten Beispiele einer Beziehung zwischen mathematischer Forschung und Beschreibung der Naturerscheinungen (z. B. Einsteinsche Lichtablenkung oder „Perihel-Drehung" der Planeten) dar. In der modernen Quantentheorie werden aber auch ganz andere geometrische Begriffe (verschiedene Hilbert-Räume, Tensor-Algebren usw.) wesentlich verwendet. Ich persönlich habe den Eindruck, daß auch noch andere Möglichkeiten der Verwendung schon jetzt bekannter mathematischer Strukturen ausgeschöpft werden müßten.

Professor Dr.-Ing., Dr.-Ing. E.h. Oskar Löbl: Wenn man von Lichtablenkung im Schwerefeld spricht, so stellt man sich ganz automatisch einen Euklidischen Raum vor. Sagt man z. B., ein ferner Lichtstrahl habe beim Vorbeistreichen an der Sonne die Form einer Hyperbel, auf was für ein Koordinatensystem soll man denn diese Hyperbel beziehen, wenn nicht auf ein ebenes euklidisches? In einem gekrümmten Raum kann man nicht von einer Lichtablenkung sprechen. Gegenüber welcher Kurve soll denn der Lichtstrahl abgelenkt sein? Damit will ich folgendes zum Ausdruck bringen: Aus der allgemein üblichen Verwendung des Ausdrucks „Ablenkung" geht hervor, daß man bewußt oder unbewußt einen Euklidischen Raum zugrunde legt. Das tut man doch wohl auch sonst, wenn man die Ergebnisse der Einsteinschen mit der Newtonschen Gravitationstheorie vergleicht. Die rechnerischen Feststellungen im vierdimensionalen gekrümmten Raum müssen also schließlich Aussagen ermöglichen über das Gravitationsverhalten von Maßstäben und Uhren in dem betreffenden Stück des physikalischen dreidimensionalen Raumes, euklidisch gedacht. Sonst hat das Ganze, so scheint es mir, keinen Sinn.

Professor Dr. rer. nat., Dr. sc. math. h.c., Dr. rer. nat. h.c. Heinrich Behnke: Man kann die physikalischen Geschehnisse natürlich in einem euklidischen wie in einem Riemannschen Koordinatensystem beschreiben wollen. Man muß aber konsequent bleiben. Sonst werden die Aussagen schnell falsch.

Von der Lichtablenkung im Schwerefeld zu sprechen, ist gemeint als eine Aussage, bezogen auf ein euklidisches Koordinatensystem. Natürlich kann man nicht einen Lichtstrahl im Weltenraum mit einer gedachten euklidischen Geraden vergleichen wollen. Wohl aber kann man den Winkel zwischen den Strahlen von einem irdischen Beobachter nach 2 benachbarten Gestirnen messen. Wenn nun diese Strahlen zeitweise dicht an einem großen nicht strahlenden Körper vorbeilaufen und der Weg der Lichtstrahlen durch die dazwischentretende Masse geändert wird, so wird auch der Winkel beim irdischen Beobachter verändert. Solche ganz besonderen Stellungen gibt es in der Astronomie, z. B. bei einer Sonnenfinsternis. Und diese Situation bestand gleich nach der Aufstellung der Einsteinschen Relativitätstheorie, nämlich am 29. Mai 1919. Da wurde die Ablenkung der Lichtstrahlen durch englische Expeditionscorps im Golf von Guinea und in Principe (Brasilien) erstmalig bestätigt.

Wenn Sie nun die dem Schwerefeld angepaßte Riemannsche Geometrie einführen, so hat es keinen Sinn mehr, von einer Krümmung der Lichtstrahlen zu reden. Die geodätische Krümmung der Lichtstrahlen ist überall Null. So ist die Riemannsche Geometrie ja eingeführt worden. Die Daten über die Maße, das, was Sie das Gravitationsverhalten nennen, gehen in die quadratische Fundamentalform des Raumes ein, bei Einstein als $g_{\mu\nu} dx^{\mu} dx^{\nu}$ bezeichnet.

Und nun fragen Sie bitte nicht mehr nach der Krümmung der Lichtstrahlen! Stellen Sie sich eine Wanze vor, die flachgedrückt auf einer Kugel herumläuft und nur 2dimensional beobachten und denken kann. Sicher hat dies liebe Tier einen Sinn für die kürzesten Linien in seiner Welt, das sind die Großkreise auf der Kugel. Die Großkreise haben für die Wanze in ihrer Geometrie (und die ist gleich unserer sphärischen Geometrie) die Krümmung Null. Wenn nun das Tier durch Geradeauslaufen zur Ausgangsstelle zurückkehrt, so wird es trotz ernsten Interesses für die Geometrie sich nicht mehr wundern, als es unsere Physiker und Astronomen täten, als sie auf Grund der Arbeiten des niederländischen Astronomen de Sitter um 1917 die Endlichkeit unseres Kosmos zu diskutieren begannen – eine Frage, die jetzt noch offen ist.

Das Tier wird nie auf den Gedanken kommen, zu glauben, daß seine kürzesten Linien „gekrümmt" sind. Beim Meinungsaustausch zwischen den Menschen und diesen Kugelwanzen kann es in einer Prae-Einsteinschen Welt zu einem Glaubenskrieg kommen. Jede dieser Sorte von Lebewesen behauptet: Meine kürzesten Linien haben keine Krümmung, wohl aber die der anderen Sorte von Lebewesen.

Ihrer Aussage: „In einem gekrümmten Raum kann man nicht von einer Lichtablenkung sprechen" kann ich nicht zustimmen. In beliebigen Riemannschen Räumen kann man die Krümmung von Kurven bestimmen. Aber in dem speziellen physikalisch gegebenen Riemannschen Raum, der durch die möglichen Lichtbahnen festgelegt ist, wird es überflüssig, nach der Krümmung der Lichtbahnen zu fragen. (Das wäre genauso, als wenn man nach der Krümmung von Geraden im Euklidischen Raum fragen würde.) Der oben genannte physikalische Raum ist ja so erdacht, daß die möglichen Lichtbahnen geodätische Linien sind.

Eine Kurve hat an sich keine Krümmung. Sie bekommt sie erst durch den Raum, in den sie eingebettet wird. Aber sie kann in die verschiedensten Räume eingebettet werden und so die verschiedensten Krümmungen bekommen. So ist es auch zu verstehen, daß man von der Ablenkung der Lichtstrahlen durch die Sonne spricht. Gedacht ist dabei immer an einen Euklidischen Raum. Insofern haben Sie auch recht. Aber im oben genannten physikalischen Raum sind dieselben Lichtstrahlen nicht gekrümmt.

Professor Dr. rer. nat. Peter Mittelstaedt: Ich möchte zur Erläuterung folgendes sagen. Man könnte auf den Gedanken kommen, im Rahmen der

Newtonschen Gravitationstheorie die Bahnen von Massenpunkten als Geodäten eines Raumes zu interpretieren und zu sagen: Wir beschreiben bereits in der Newtonschen Gravitationstheorie die Welt durch eine Riemannsche Geometrie. Wenn Sie das machen, dann sehen Sie, daß in diesem Riemannschen Raum die Lichtstrahlen nicht auf Geodäten laufen, da Lichtstrahlen in der Newtonschen Gravitationstheorie nicht abgelenkt werden. Es hat infolgedessen in der Newtonschen Gravitationstheorie auch gar keinen vernünftigen Sinn, eine Riemannsche Geometrie einzuführen, weil man jeweils mit Lichtstrahlen den Euklidischen Raum ausmessen könnte.

Dagegen wird das Licht in der Einsteinschen Theorie und auch in der lorentzinvarianten Theorie in gleicher Weise wie die Materie vom Gravitationsfeld beeinflußt, und erst dann ist es sinnvoll, eine Weltgeometrie in dem Sinne einzuführen, wie es hier geschehen ist.

Professor Dr. rer. nat. Helmut Faissner : Würde eine endliche Gravitonenmasse die besprochene Äquivalenz zwischen Ihrer Feldtheorie und der Einsteinschen Theorie stören?

Professor Dr. rer. nat. Peter Mittelstaedt : Nein. Die endliche Gravitonenmasse würde im Sinne der Einsteinschen Theorie einem kosmologischen Glied entsprechen. Man kann aber auch dann den ganzen Formalismus in ähnlicher Weise durchführen. Das ist formal schwieriger, weil man keine Eichgruppe zur Verfügung hat, die die Konstruktion der unendlich hohen Näherung außerordentlich erleichtert. Ohne diese Eichgruppe ist alles viel komplizierter, und deswegen habe ich es hier auch nicht erwähnt.

Professor Dr. rer. nat. Helmut Faissner : Wenn keine weiteren Bemerkungen mehr gemacht werden, würde ich gern noch einmal auf die Ausführungen von Herrn Kollegen Behnke über die Weylsche Gleichung und die Orientierbarkeit des Raums eingehen.

Ich glaube, daß der Diskussion geholfen wäre, wenn wir den historisch-psychologischen Aspekt von dem physikalisch-mathematischen trennten. Das ist leider bei der Diskussion etwas ineinandergeflossen. Herr Kollege Bleuler hat mit Recht betont, daß es historisch die Weylsche Gleichung war und die dadurch nahegelegte longitudinale Polarisation des Neutrinos, die dann die Arbeiten über die schwache Wechselwirkung so befruchtet hat. Nebenbei: Weyl hat in der berühmten Arbeit in der „Zeitschrift für Physik“ im Jahre 1929 die Relativitätstheorie als Ausgangspunkt genommen und ausdrücklich mit der Masselosigkeit argumentiert. Er sagte: Wenn wir Elektromagnetik betreiben, dann spielt die Masse einfach keine Rolle, dann hat das Elektron effektiv die Masse Null, dann können wir die Dirac-Gleichung in dieser (zweikomponentigen) Weise schreiben.

Aber von dem abgesehen, ist die heute erreichte Klärung der Sache doch wohl anders: Wir müssen zwischen der Bewegung des freien Neutrinos, von dem wir eben sprachen, und seiner Wechselwirkung begrifflich scharf unterscheiden. Die Paritätsverletzung ist eine Eigenschaft der Wechselwirkung und nicht etwa eine Eigenschaft des freien Teilchens, das sich im Raume bewegt. Ich möchte, um das klarzustellen, noch einmal betonen, daß im Rahmen unserer Meßgenauigkeit diese schwache Wechselwirkung des Neutrinos und des Elektrons mit den Nukleonen praktisch punktförmig ist. Diese Messung ist beim Europäischen Kernforschungsinstitut CERN durchgeführt worden: Es ist experimentell erwiesen, daß die Wechselwirkung räumlich nicht weiter ausgedehnt sein kann als ein Zehntel des Radius des Nukleons. Das heißt aber – sie findet faktisch in einem Raumpunkt statt. Daher stellt sich die Frage nach dem Raum in diesem Zusammenhang überhaupt nicht.

Staatssekretär Professor Dr. h.c., Dr.-Ing. E.h. Leo Brandt: Ich darf annehmen, daß wir am Ende dieser ereignisreichen Diskussion angelangt sind.

Meine sehr verehrten Anwesenden, wir danken Herrn Mittelstaedt und allen anderen, die zur Diskussion beigetragen haben, und stellen fest, daß auch die 184. Sitzung uns einen ereignisreichen Nachmittag beschert hat.

VERÖFFENTLICHUNGEN
DER ARBEITSGEMEINSCHAFT FÜR FORSCHUNG
DES LANDES NORDRHEIN-WESTFALEN

Neuerscheinungen 1967 bis 1970

AGF-N Heft Nr.		NATUR-, INGENIEUR- UND GESELLSCHAFTSWISSENSCHAFTEN
165	*Reimar Lüst, Garching*	Weltraumforschung in der Bundesrepublik und Europa
	Karl-Otto Kiepenheuer, Freiburg i. Br.	Sonnenforschung
166	*Amos de-Shalit, Rehovoth (Israel)*	Die naturwissenschaftliche Forschung in kleinen Ländern. Das Beispiel Israels
167	*Ernst Derra, Düsseldorf*	Die Herz- und Herzgefäßchirurgie im derzeitigen Stadium
	Franz Grosse-Brockhoff, Düsseldorf	Elektrotherapie von Herzerkrankungen
168	*Hans Hermes, Freiburg i. Br.*	Die Rolle der Logik beim Aufbau naturwissenschaftlicher Theorien
169	*Friedrich Mölbert, Hannover*	Wechselbeziehungen zwischen Biologie und Technik
	Dietrich Schneider, Seewiesen üb. Starnberg	Die Arbeitsweise tierischer Sinnesorgane im Vergleich zu technischen Meßgeräten
170	*John Flavell Coales, Cambridge (England)*	Automation und Computer in der Industrie
	Ludwig Pack, Münster	Raumzuordnung und Raumform von Büro- und Fabrikgebäuden
171	*Wilhelm Menke, Köln*	Die Struktur der Chloroplasten
	Achim Trebst, Göttingen	Zum Mechanismus der Photosynthese
172	*Heinrich Heesch, Hannover*	Reguläres Parkettierungsproblem
173	*Wilhelm Becker, Basel*	Das Milchstraßensystem als spiralförmiges Sternsystem
	Hans Haffner, Hamburg	Sternhaufen und Sternentwicklung
174	*Karl-Heinrich Bauer, Heidelberg*	Vom Krebsproblem – heute und morgen
	Richard Haas, Freiburg i. Br.	Virus und Krebs
175	*Karlheinz Althoff, Bonn*	Von 500 MeV zu 2500 MeV – Entwicklung der Hochenergiephysik in Bonn
	Theo Mayer-Kuckuk, Bonn	Kernstrukturuntersuchungen mit modernen Beschleunigern
176	*Michael Grewing, Jörg Pfleiderer und Wolfgang Priester, alle Bonn*	Nichtthermische kosmische Strahlungsquellen
177	*Otto Hachenberg, Bonn*	Betrachtungen zum Bau großer Radioteleskope
178	*Uichi Hashimoto, Tokyo*	Die Eisen- und Stahlindustrie in Japan
179	*Paul Klein, Mainz*	Humorale Mechanismen der immunbiologischen Abwehrleistungen
	Herbert Fischer, Freiburg i. Br.	Zelluläre Aspekte der Immunität
	Ernst Friedrich Pfeiffer, Ulm	Immunologische Aspekte der modernen Endokrinologie
180	*Benno Hess, Dortmund*	Probleme der Regulation zellulärer Prozesse
	Norbert Weissenfels, Bonn	Die Gewebezüchtung im Dienste der experimentellen Zellforschung
181	*Josef Meixner, Aachen*	Beziehungen zwischen Netzwerktheorie und Thermodynamik
	Friedrich Schlögl, Aachen	Informationstheorie und Thermodynamik irreversibler Prozesse

182	*Wilhelm Dettmering, Aachen*	Entwicklungslinien der luftansaugenden Strahltriebwerke
183	*Hermann Merxmüller, München*	Moderne Probleme der Pflanzensystematik
	Hans Mohr, Freiburg i. Br.	Die Streuung der Entwicklung durch das Phytochromsystem
184	*Frederik van der Blij, Utrecht*	Zahlentheorie in Vergangenheit und Zukunft
	Georges Papy, Brüssel	Der Einfluß der mathematischen Forschung auf den Schulunterricht
185	*Rudolf Schulten, Jülich* *Günther Dibelius, Aachen* *Werner Wenzel, Aachen*	Zukünftige Anwendung der nuklearen Wärme
186	*Friedrich Becker, München*	Ausblick in das Weltall
187	*Kuno Radius, Konstanz*	Probleme der Entwicklung von Großrechenanlagen
	Hans Kaufmann, München	Speicher- und Schaltkreis-Technik von Daten-Verarbeitungs-Anlagen
	Hans Jörg Tafel, Aachen	Strömungsmechanische Nachrichtenübertragung und -verarbeitung (Fluidik)
188	*Erwin Bodenstedt, Bonn*	Beobachtung der Resonanz zwischen elektrischer und magnetischer Hyperfeinstruktur-Wechselwirkung
	Siegfried Penselin, Bonn	Probleme der Zeitmessung
189	*August Wilhelm Quick, Aachen*	Die dritte Stufe der europäischen Trägerrakete unter besonderer Berücksichtigung der Prüfung durch Höhensimulationsanlagen
	Philipp Hartl, Oberpfaffenhofen	Der deutsche Forschungssatellit und der deutsch-französische Nachrichtensatellit
	Werner Fogy, Oberpfaffenhofen	Das deutsche Bodenstationssystem für den Funkverkehr mit Satelliten
190	*Sir Denning Pearson, Derby*	Probleme der Unternehmensführung in der internationalen Flugtriebwerksindustrie
	Lord Jackson of Burnley, London	Die Abwanderung von qualifizierten Fachkräften
191	*Hans Ebner, Aachen*	Konstruktive Probleme der Ozeanographischen Forschung
192	*Harald Schäfer, Münster*	Verbindungen der schweren Übergangsmetalle mit Metall—Metall-Bindungen
	Hans Musso, Bochum und Marburg	Über die Struktur organischer Metallkomplexe
193	*Friedrich Seidel, Marburg a. d. Lahn*	Entwicklungspotenzen des frühen Säugetierkeimes
	Robert Domenjoz, Bonn	Die entzündliche Reaktion und die antiphlogistischen Heilmittel
194	*Eugen Flegler, Aachen*	Probleme des elektrischen Durchschlags
195	*Franz Lotze, Münster*	Die Salz-Lagerstätten in Zeit und Raum Ein Beitrag zum Klima der Vorzeit
196	*Johann Schwartzkopff, Bochum*	Die Verarbeitung von akustischen Nachrichten im Gehirn von Tieren verschiedener Organisationshöhen
	Werner Kloft, Bonn	Radioaktive Isotope und ionisierende Strahlung bei der Erforschung und Bekämpfung von Insekten
197	*Werner Heinrich Hauss, Münster*	Über Entstehung und Verhütung der Arteriosklerose
	Hans-Werner Schlipköter, Düsseldorf	Ätiologie und Pathogenese der Silikose sowie ihre kausale Beeinflussung
198	*Louis Néel, Grenoble*	Elementarbezirke und Wände in einem ferromagnetischen Kristall
199	*J. Herbert Hollomon, Norman, Okl.* *Stewart Blake, Menlo Park, Kalifornien* *Emanuel R. Piore, New York* *Wilhelm Krelle, Bonn* *David B. Hertz, New York*	Systems Management
200	*Michael F. Atiyah*	Vector Fields on Manifolds
201	*Jan Tinbergen, Rotterdam*	Optimale Produktionsstruktur und Forschungsrichtung
	Hans A. Havemann, Aachen	Neue Aspekte der Entwicklungsländerforschung
202	*Peter Mittelstaedt, Köln*	Lorentzinvariante Gravitationstheorie

AGF-WA *Band Nr.*		WISSENSCHAFTLICHE ABHANDLUNGEN
1	*Wolfgang Priester, Hans-Gerhard Bennewitz und Peter Lengrüßer, Bonn*	Radiobeobachtungen des ersten künstlichen Erdsatelliten
2	*Joh. Leo Weisgerber, Bonn*	Verschiebungen in der sprachlichen Einschätzung von Menschen und Sachen
3	*Erich Meuthen, Marburg*	Die letzten Jahre des Nikolaus von Kues
4	*Hans-Georg Kirchhoff, Rommerskirchen*	Die staatliche Sozialpolitik im Ruhrbergbau 1871–1914
5	*Günther Jachmann, Köln*	Der homerische Schiffskatalog und die Ilias
6	*Peter Hartmann, Münster*	Das Wort als Name (Struktur, Konstitution und Leistung der benennenden Bestimmung)
7	*Anton Moortgat, Berlin*	Archäologische Forschungen der Max-Freiherr-von-Oppenheim-Stiftung im nördlichen Mesopotamien 1956
8	*Wolfgang Priester und Gerhard Hergenhahn, Bonn*	Bahnbestimmung von Erdsatelliten aus Doppler-Effekt-Messungen
9	*Harry Westermann, Münster*	Welche gesetzlichen Maßnahmen zur Luftreinhaltung und zur Verbesserung des Nachbarrechts sind erforderlich?
10	*Hermann Conrad und Gerd Kleinheyer, Bonn*	Vorträge über Recht und Staat von Carl Gottlieb Svarez (1746–1798)
11	*Georg Schreiber†, Münster*	Die Wochentage im Erlebnis der Ostkirche und des christlichen Abendlandes
12	*Günther Bandmann, Bonn*	Melancholie und Musik. Ikonographische Studien
13	*Wilhelm Goerdt, Münster*	Fragen der Philosophie. Ein Materialbeitrag zur Erforschung der Sowjetphilosophie im Spiegel der Zeitschrift „Voprosy Filosofii" 1947–1956
14	*Anton Moortgat, Berlin*	Tell Chuéra in Nordost-Syrien. Vorläufiger Bericht über die Grabung 1958
15	*Gerd Dicke, Krefeld*	Der Identitätsgedanke bei Feuerbach und Marx
16a	*Helmut Gipper, Bonn, und Hans Schwarz, Münster*	Bibliographisches Handbuch zur Sprachinhaltsforschung, Teil I. Schrifttum zur Sprachinhaltsforschung in alphabetischer Folge nach Verfassern – mit Besprechungen und Inhaltshinweisen (Erscheint in Lieferungen: bisher Bd. I, Lfg. 1–7; Lfg. 8–10)
17	*Thea Buyken, Bonn*	Das römische Recht in den Constitutionen von Melfi
18	*Lee E. Farr, Brookhaven, Hugo Wilhelm Knipping, Köln, und William H. Lewis, New York*	Nuklearmedizin in der Klinik. Symposion in Köln und Jülich unter besonderer Berücksichtigung der Krebs- und Kreislaufkrankheiten
19	*Hans Schwippert, Düsseldorf, Volker Aschoff, Aachen, u. a.*	Das Karl-Arnold-Haus. Haus der Wissenschaften der Arbeitsgemeinschaft für Forschung des Landes Nordrhein-Westfalen in Düsseldorf. Planungs- und Bauberichte (Herausgegeben von Leo Brandt, Düsseldorf)
20	*Theodor Schieder, Köln*	Das deutsche Kaiserreich von 1871 als Nationalstaat
21	*Georg Schreiber†, Münster*	Der Bergbau in Geschichte, Ethos und Sakralkultur
22	*Max Braubach, Bonn*	Die Geheimdiplomatie des Prinzen Eugen von Savoyen
23	*Walter F. Schirmer, Bonn, und Ulrich Broich, Göttingen*	Studien zum literarischen Patronat im England des 12. Jahrhunderts
24	*Anton Moortgat, Berlin*	Tell Chuéra in Nordost-Syrien. Vorläufiger Bericht über die dritte Grabungskampagne 1960
25	*Margarete Newels, Bonn*	Poetica de Aristoteles traducida de latin. Ilustrada y comentada por Juan Pablo Martir Rizo (erste kritische Ausgabe des spanischen Textes)
26	*Vilho Niitemaa, Turku, Pentti Renvall, Helsinki, Erich Kunze, Helsinki, und Oscar Nikula, Åbo*	Finnland – gestern und heute
27	*Ahasver von Brandt, Heidelberg, Paul Johansen, Hamburg, Hans van Werveke, Gent, Kjell Kumlien, Stockholm, Hermann Kellenbenz, Köln*	Die Deutsche Hanse als Mittler zwischen Ost und West

28	*Hermann Conrad, Gerd Kleinheyer, Thea Buyken und Martin Herold, Bonn*	Recht und Verfassung des Reiches in der Zeit Maria Theresias. Die Vorträge zum Unterricht des Erzherzogs Joseph im Natur- und Völkerrecht sowie im Deutschen Staats- und Lehnrecht
29	*Erich Dinkler, Heidelberg*	Das Apsismosaik von S. Apollinare in Classe
30	*Walther Hubatsch, Bonn, Bernhard Stasiewski, Bonn, Reinhard Wittram, Göttingen, Ludwig Petry, Mainz, und Erich Keyser, Marburg (Lahn)*	Deutsche Universitäten und Hochschulen im Osten
31	*Anton Moortgat, Berlin*	Tell Chuēra in Nordost-Syrien. Bericht über die vierte Grabungskampagne 1963
32	*Albrecht Dihle, Köln*	Umstrittene Daten. Untersuchungen zum Auftreten der Griechen am Roten Meer
33	*Heinrich Behnke und Klaus Kopfermann (Hrsgb.), Münster*	Festschrift zur Gedächtnisfeier für Karl Weierstraß 1815–1965
34	*Joh. Leo Weisgerber, Bonn*	Die Namen der Ubier
35	*Otto Sandrock, Bonn*	Zur ergänzenden Vertragsauslegung im materiellen und internationalen Schuldvertragsrecht. Methodologische Untersuchungen zur Rechtsquellenlehre im Schuldvertragsrecht
36	*Iselin Gundermann, Bonn*	Untersuchungen zum Gebetbüchlein der Herzogin Dorothea von Preußen
37	*Ulrich Eisenhardt, Bonn*	Die weltliche Gerichtsbarkeit der Offizialate in Köln, Bonn und Werl im 18. Jahrhundert
38	*Max Braubach, Bonn*	Bonner Professoren und Studenten in den Revolutionsjahren 1848/49
39	*Henning Bock (Bearb.), Berlin*	Adolf von Hildebrand Gesammelte Schriften zur Kunst
40	*Geo Widengren, Uppsala*	Der Feudalismus im alten Iran

Sonderreihe
PAPYROLOGICA COLONIENSIA

Vol. I *Aloys Kehl, Köln*	Der Psalmenkommentar von Tura, Quaternio IX (Pap. Colon. Theol. 1)
Vol. II *Erich Lüddeckens, Würzburg* *P. Angelicus Kropp O. P. †, Klausen* *Alfred Hermann und Manfred Weber, Köln*	Demotische und Koptische Texte
Vol. III *Stephanie West, Oxford*	The Ptolemaic Papyri of Homer
Vol. IV *Ursula Hagedorn und Dieter Hagedorn, Köln, Louise C. Youtie und Herbert C. Youtie, Ann Arbor (Hrsgb.)*	Das Archiv des Petaus (P. Petaus)

SONDERVERÖFFENTLICHUNGEN

Herausgeber: Der Ministerpräsident des Landes Nordrhein-Westfalen – Landesamt für Forschung –	Jahrbuch 1963, 1964, 1965, 1966, 1967, 1968 und 1969 des Landesamtes für Forschung

Verzeichnisse sämtlicher Veröffentlichungen der Arbeitsgemeinschaft für Forschung des Landes Nordrhein-Westfalen können beim Westdeutschen Verlag GmbH, 567 Opladen, Ophovener Str. 1–3, angefordert werden.

GPSR Compliance
The European Union's (EU) General Product Safety Regulation (GPSR) is a set of rules that requires consumer products to be safe and our obligations to ensure this.

If you have any concerns about our products, you can contact us on

ProductSafety@springernature.com

In case Publisher is established outside the EU, the EU authorized representative is:

Springer Nature Customer Service Center GmbH
Europaplatz 3
69115 Heidelberg, Germany

www.ingramcontent.com/pod-product-compliance
Ingram Content Group UK Ltd.
Pitfield, Milton Keynes, MK11 3LW, UK
UKHW061658190726
13853UKWH00008B/2287

* 9 7 8 3 6 6 3 0 3 0 7 4 4 *